塞罕坝机械林场
野生动植物 图鉴 I

安长明　陈智卿　主编

中国林业出版社

生态之路

塞罕坝机械林场
野生动植物 图鉴 I

编委会

主　　任：安长明　陈智卿　王　龙

副 主 任：张向忠　于士涛　李永东　张建华　房利民　崔　岩　韩文兵　贺　鹏

委　　员：聂鸿飞　丁伯龙　李　双　程　顺　陈祎珏　任　赛　刘广智　张　磊
　　　　　王　越

主　　编：安长明　陈智卿　王　龙

副 主 编：张向忠　于士涛　李永东　张建华　房利民　崔　岩　聂鸿飞　张　磊
　　　　　陈祎珏　李晓靖　贾　慧　付立华　张　菲　张　岩

编　　委：（以姓氏笔画为序）
　　　　　于宏宝　万久蕊　万常学　马明月　马泽平　马晨哲　王　栋　王　磊
　　　　　王大鹏　王利民　王旭光　王志杰　王金成　王建峰　王树坡　王艳春
　　　　　王雪彦　王雪萌　尹海龙　龙双红　卢　超　史曜硕　包　刚　冯　圆
　　　　　司铁林　刘飞海　刘凤民　刘永利　刘亚春　刘孟琦　刘泰宇　刘鑫洋
　　　　　闫立红　米冬云　孙计维　孙双印　孙连国　孙利革　孙鹏程　李　双
　　　　　李昊南　李金龙　吴雪峰　邹金龙　辛　烨　宋艳伟　宋嵬佶　张　扬
　　　　　张　塞　张海丽　张维征　陈　颖　陈　蕾　邵立华　林树国　国志锋
　　　　　岳志娟　周建波　周竟男　赵占永　赵克礼　郝书林　郝春旭　侯建伟
　　　　　姜丽堃　袁中伟　袁春龙　桂春燕　贾艳才　高　岩　郭志睿　郭玲玲
　　　　　黄跃新　崔　萌　康　义　彭志杰　彭倩倩　董常春　程　航　温亚楠
　　　　　谢　伟　谭雪梅　戴　楠　魏路吉

统　　稿：张磊

指导专家：唐宏亮　侯建华　杨晋宇

前言

"人不负青山,青山定不负人"。塞罕坝机械林场的"绿色地图"生动诠释了"绿水青山就是金山银山"的理念,这里有着世界上最大的人工林海,这里是守卫京津的绿色生态屏障,这里被联合国授予环保最高荣誉——地球卫士奖和防治荒漠化领域最高荣誉——土地生命奖,这里还是习近平总书记牵挂的国有林场,2017年8月,习近平总书记对河北塞罕坝机械林场建设者感人事迹作出重要指示,2021年8月又专程到塞罕坝考察。

历史上,塞罕坝曾是一处天然名苑,水草丰美、森林茂密,被誉为"美丽的高岭",是清朝皇家猎苑"木兰围场"的重要组成部分。由于清朝末年开围放垦,森林遭到肆意砍伐,加之山火不断,塞罕坝原始自然生态遭到严重破坏,到新中国成立初期,退化成了"林木稀疏、风沙肆虐"的荒原沙地。

1962年建场以来,三代塞罕坝人艰苦创业、接续奋斗,建成了世界上面积最大的人工林场,创造了荒原变林海的人间奇迹,铸就了牢记使命、艰苦创业、绿色发展的塞罕坝精神,成为推进生态文明建设的一个生动范例。目前,塞罕坝机械林场有林地面积115.1万亩,森林覆盖率82%,林木蓄积量1036.8万立方米,湿地面积10.3万亩。这里是滦河、辽河两大水系重要水源地,每年涵养水源2.84亿立方米,固定二氧化碳86.03万吨,释放氧气59.84万吨。森林资产总价值231.2亿元,每年提供的生态系统服务价值达155.9亿元,被誉为"水的源头、云的故乡、花的世界、林的海洋"。

百万亩绿洲

　　塞罕坝机械林场是典型的森林-草原交错带，区域内高原山地兼备，森林草原并存，有森林、灌丛、草甸、湿地等多种野生动物栖息地，区域内生态系统复杂，生物多样性丰富。据最新调查，塞罕坝机械林场有陆生野生脊椎动物 261 种、鱼类 32 种、昆虫 660 种、大型真菌 179 种、植物 625 种。其中国家重点保护动物 47 种、国家重点保护植物 5 种。2021 年 9 月，塞罕坝人工林森林生态系统入选了"全球生物多样性 100+ 案例"。本书共收录塞罕坝野生脊椎动物 53 种、野生植物 44 种、昆虫 26 种，既有国家重点保护的黑琴鸡、大花杓兰等野生动植物，也有金莲花、黄芩、大黄等具有很高药用价值的植物，还有蕨菜、黄花等山野菜，图片全部为塞罕坝机械林场职工工作之余拍摄，经过相关科室和工作人员的归纳整理，汇编成册，为塞罕坝野生动植物资源调查、利用和研究提供了借鉴和依据。

　　本书为大家认识和了解塞罕坝机械林场野生动植物资源提供了一个窗口，更是塞罕坝人深刻理解和落实生态文明理念，再接再厉、二次创业，在新征程上再建功立业的时代剪影。由于时间仓促，加之编者水平所限，疏漏和不妥之处在所难免，敬请各位专家、同仁和广大读者批评指正，以臻完善。

编者
2022 年 7 月

目录

鸟兽篇

鸟　类

䴙䴘目
　䴙䴘科
　　赤颈䴙䴘　/ 3
　　凤头䴙䴘　/ 4
　　小䴙䴘　/ 5

鹈形目
　鸬鹚科
　　普通鸬鹚　/ 6

鹳形目
　鹭科
　　苍鹭　/ 8
　　池鹭　/ 10
　鹮科
　　白琵鹭　/ 11

雁形目
　鸭科
　　大天鹅　/ 12
　　小天鹅　/ 13
　　灰雁　/ 14
　　鸿雁　/ 16
　　绿翅鸭　/ 17
　　绿头鸭　/ 18
　　赤麻鸭　/ 20
　　翘鼻麻鸭　/ 21
　　鸳鸯　/ 22

隼形目
　鹰科
　　白腹鹞　/ 23
　　鹊鹞　/ 24
　　草原雕　/ 25
　　金雕　/ 26
　　大鵟　/ 27
　隼科

　　红脚隼　/ 28
　　红隼　/ 29
　　燕隼　/ 30

鸡形目
　松鸡科
　　黑琴鸡　/ 32
　雉科
　　斑翅山鹑　/ 34
　　环颈雉　/ 35

鹤形目
　鹤科
　　白枕鹤　/ 36
　　蓑羽鹤　/ 38
　鸨科
　　大鸨　/ 40
　秧鸡科
　　黑水鸡　/ 42

塞罕坝百万亩人工林海

鸻形目	犀鸟目	长尾山雀科	
鸻科	戴胜科	银喉长尾山雀	/61
凤头麦鸡 /43	戴胜 /53	雀科	
反嘴鹬科	啄木鸟目	红交嘴雀	/62
黑翅长脚鹬 /44	啄木鸟科	红眉朱雀	/64
鹬科	小斑啄木鸟 /54		
鹤鹬 /45	雀形目	**兽 类**	
黑尾塍鹬 /46	鹡鸰科	食肉目	
扇尾沙锥 /47	树鹨 /55	犬科	
青脚滨鹬 /48	黄头鹡鸰 /56	赤狐	/66
鸥科	太平鸟科	偶蹄目	
棕头鸥 /49	太平鸟 /58	鹿科	
普通燕鸥 /50	鸦科	狍	/67
鹃形目	达乌里寒鸦 /59	马鹿	/68
杜鹃科	鸫科		
大杜鹃 /52	北红尾鸲 /60		

昆虫篇

蜻蜓目
 蜓科
  黄蜓 / 72

半翅目
 蝽科
  红足真蝽 / 73

蛇蛉目
 蛇蛉科
  戈壁黄痣蛇蛉 / 74

鞘翅目
 金龟科
  弧丽金龟 / 75
 叩甲科
  锥胸叩甲 / 76
 瓢虫科
  七星瓢虫 / 77
  异色瓢虫 / 78
 芫菁科

四星梢芫菁 / 79
圆胸地胆芫菁 / 80
绿边绿芫菁 / 81
天牛科
 橡黑花天牛 / 82
 麻竖毛天牛 / 83
叶甲科
 杨叶甲 / 84
 光背锯角叶甲 / 85

柳圆叶甲	/ 86	绢蝶科		弄蝶科	
象甲科		小红珠绢蝶	/ 90	银弄蝶	/ 94
白毛树皮象	/ 87	**蛱蝶科**		小赭弄蝶	/ 95
绿鳞象甲	/ 88	褐蜜蛱蝶	/ 91	**枯叶蛾科**	
鳞翅目		阿尔网蛱蝶	/ 92	落叶松毛虫	/ 96
粉蝶科		**灰蝶科**		**尺蛾科**	
绢粉蝶	/ 89	豆灰蝶	/ 93	蝶青尺蛾	/ 97

塞罕坝场区新貌

植物篇

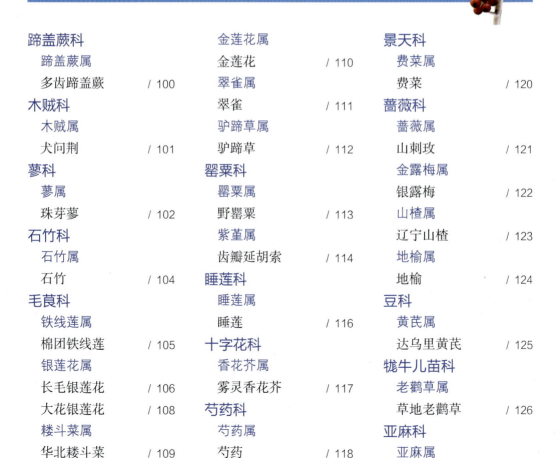

蹄盖蕨科			金莲花属			景天科		
蹄盖蕨属			金莲花		/110	费菜属		
多齿蹄盖蕨		/100	翠雀属			费菜		/120
木贼科			翠雀		/111	蔷薇科		
木贼属			驴蹄草属			蔷薇属		
犬问荆		/101	驴蹄草		/112	山刺玫		/121
蓼科			罂粟科			金露梅属		
蓼属			罂粟属			银露梅		/122
珠芽蓼		/102	野罂粟		/113	山楂属		
石竹科			紫堇属			辽宁山楂		/123
石竹属			齿瓣延胡索		/114	地榆属		
石竹		/104	睡莲科			地榆		/124
毛茛科			睡莲属			豆科		
铁线莲属			睡莲		/116	黄芪属		
棉团铁线莲		/105	十字花科			达乌里黄芪		/125
银莲花属			香花芥属			牻牛儿苗科		
长毛银莲花		/106	雾灵香花芥		/117	老鹳草属		
大花银莲花		/108	芍药科			草地老鹳草		/126
楼斗菜属			芍药属			亚麻科		
华北楼斗菜		/109	芍药		/118	亚麻属		

雾海松涛

宿根亚麻	/ 127
瑞香科	
狼毒属	
狼毒	/ 128
柳叶菜科	
柳叶菜属	
柳兰	/ 129
五加科	
五加属	
刺五加	/ 130
报春花科	
报春花属	
翠南报春	/ 131
紫草科	
勿忘草属	
湿地勿忘草	/ 132
唇形科	
益母草属	
细叶益母草	/ 133
列当科	
马先蒿属	
返顾马先蒿	/ 134
车前科	
兔尾苗属	
兔儿尾苗	/ 135
桔梗科	
沙参属	
石沙参	/ 136
风铃草属	
紫斑风铃草	/ 137
菊科	
橐吾属	
蹄叶橐吾	/ 138
紫菀属	
狗娃花	/ 140
麻花头属	
碗苞麻花头	/ 141
蓝刺头属	
蓝刺头	/ 142
漏芦属	
漏芦	/ 144
火绒草属	
火绒草	/ 145
百合科	
重楼属	
北重楼	/ 146
萱草属	
小黄花菜	/ 147
藜芦属	
藜芦	/ 148
兰科	
杓兰属	
大花杓兰	/ 150
主要参考文献	/ 151

塞罕坝百万亩人工林海

鸟兽篇

鸟类

| 䴘形目 | 䴘科

赤颈䴘
Podiceps grisegena

保护等级 国家二级重点保护野生动物。

识别要点 成鸟（夏羽）头顶黑，其两侧各有羽簇，稍延长而向外突出；头部两侧及喉均为白色；前颈和上胸赤棕色，故名赤颈䴘。后颈、背及两翅均为灰褐色；下胸、腹以及两翅的内侧飞羽悉白色。喙基黄色，余部黑色。

生　　境 主要栖息在低山丘陵和平原地区的各种水域中。善于游泳及潜水。受惊时，就潜入水中，能在水中匿藏较长时间。食物与其他䴘相同。

凤头䴙䴘
Podiceps cristatus

识别要点 颈修长，有显著的黑色羽冠。下体近乎白色而具光泽，上体灰褐色。上颈有一圈带黑端的棕色羽，形成皱领。后颈暗褐色，两翅暗褐色，杂以白斑。眼先、颊白色。胸侧和两胁淡棕色。冬季黑色羽冠不明显，颈上饰羽消失。

生　　境 成对或集成小群活动在水面开阔、长有芦苇水草的湖泊中。

小䴙䴘
Podiceps ruficollis

识别要点 体较小,翅长约100mm,前趾各具瓣蹼;上体(包括头顶、后颈、两翅)黑褐色而有光泽;眼先、颊、颔和上喉等均黑色;下喉、耳区和颈棕栗色;上胸黑褐色、羽端苍白色;下胸和腹部银白色;尾短,呈棕、褐、白等色相间。

生　　境 栖息于湖泊、水塘、水渠、池塘和沼泽地带,也见于水流缓慢的江河和沿海芦苇沼泽中。

| 鹈形目 | 鸬鹚科

普通鸬鹚
Phalacrocorax carbo

识别要点 大型水鸟。通体黑色,头颈具紫绿色光泽,两肩和翅具青铜色光彩,喙角和喉囊黄绿色,眼后下方白色。繁殖期间脸部有红色斑,头颈有白色丝状羽,下胁具白斑。

生　　境 栖息于宽阔的水域,如池塘、湖泊等。善于游泳和潜水,巧于捕鱼为食。常站在水边的岩石或大树上等待食饵。一般可潜水 1~3m 深,有时达 10m 深,时间一般为 30~45s。飞行甚低,而掠过水面。飞时颈和脚等均伸直,状似水鸭,但较迟钝。叫声粗暴,略似"喀—啦拉,喀—啦拉"。

鸟兽篇

鹳形目 | 鹭科

苍鹭
Ardea cinerea

识别要点 体大的白、灰及黑色。成鸟过眼纹及冠羽黑色，飞羽、翼角及两道胸斑黑色，头、颈、胸及背白色，颈具黑色纵纹，余部灰色。幼鸟的头及颈灰色较重，但无黑色。

生　　境 栖息于低山和平原地区的湖泊、沼泽、河流、滩涂及稻田中。在秦岭分布于海拔1400m的山地，在贵州则见于海拔350~2400m。常单个或成对站在浅水处，颈缩至两肩间，腿亦常缩起一只于腹下。食性以鱼为主，兼食虾类及水生昆虫，有时也在湿地寻食陆生昆虫、鼠类和蛙类。

鸟兽篇

池鹭
Ardeola bacchus

识别要点 成鸟（夏羽）头颈部栗红色，背被黑色发状蓑羽，肩羽赭褐色，前胸具栗红、黑和赭褐色相杂的矛状长羽，余部体羽白色。幼鸟头、颈和前胸满布黄色和黑色相间的纵纹，背羽赭褐色。

生　　境 栖息于沼泽、稻田、蒲塘等地。性好群居，尤在迁徙时组成大群，但在冬季多单独生活。性不甚畏人，易接近观察。食物主要是水生软体动物和水生昆虫。5~6月同其他鹭类于杨树上混合营巢，日夜发出嘈杂声。

| 鹮科

白琵鹭
Platalea leucorodia

保护等级　国家二级重点保护野生动物。

识别要点　全身羽毛白色；飞羽的羽干纹亮黑色，第一枚至第四枚初级飞羽的端部及羽干两侧多少渲染黑色；内侧次级飞羽的羽干端部亦白色。幼鸟：初级覆羽多少渲染黑色；第一枚初级飞羽大都黑色，其余飞羽尖端亦多少点缀黑斑。虹膜暗褐；眼先、眼周、额基和喉部裸皮橙黄色；喙大部黑褐，端部黄而具褐色斑点；胫下部裸区、跗跖和趾亮黑色。

生　　境　平时栖息在苇丛、近浅水具有低树的沼泽间。冬季集群活动在开阔的沼泽，咸水湖，与海通连的江、河口，沿海的浅水区以及河、湖浅水间。常集成几十至百余只的大群，觅食的姿态甚为特殊。在浅水间用琵形的长嘴从一侧划向另一侧，边划边缓慢前进。

| 雁形目 | 鸭科

大天鹅
Cygnus cygnus

保护等级 国家二级重点保护野生动物。

识别要点 体型高大,体长 120~160cm,翼展 218~243cm,体重 8~12kg,寿命 20~25 年。喙黑,喙基有大片黄色,黄色延至上喙侧缘成尖。喙部由黑黄两色组成,黄色区域位于喙的基部,与小天鹅相比大天鹅喙部的黄色区域更大,超过了鼻孔的位置。

生　　境 栖居于多蒲苇的大型湖泊中,食料较丰富的池塘、水库里也常见到它们的踪迹。一般成对活动,雏鸟孵出后一直跟随亲鸟,直到迁往越冬地。食物主要有水生植物的种子、茎、叶和杂草种子,也兼食少量的软体动物、水生昆虫和蚯蚓等。

小天鹅

Cygnus columbianus

保护等级 国家二级重点保护野生动物。

识别要点 体羽洁白，比大天鹅稍小。嘴基两侧黄斑沿喙缘部前伸于鼻孔之下。在野外观察时，与大天鹅极相似，颈也经常直伸，颈和喙均显得短些。

生　　境 栖息在多蒲苇的湖泊、水库和池塘中。性较活泼，结群时常发出"kouk-kouk"的清脆叫声。主要以水生植物的根、茎和种子等为食，也兼吃少量的水生昆虫和螺类等。

灰雁
Anser anser

识别要点 体大的灰褐色雁。以粉红色的喙和脚为本种特征。喙基无白色。上体体羽灰而羽缘白,呈扇贝形图纹。胸浅烟褐色,尾上及尾下覆羽均白色。

生　　境 灰雁在平时成对地或数只至数十只结成小群活动,但在迁徙时常结成数以千计的大群。它们常栖息在水生植物丛生的水边或沼泽地,也停息于河湾、河中的沙洲,有时也游荡在湖泊中。在繁殖和换羽期经常到水中活动。灰雁以野草和种子为主要食物,兼食一些小虾、螺和少量鞘翅目昆虫。

鸟兽篇

鸿雁

Anser cygnoides

保护等级 国家二级重点保护野生动物。

识别要点 体形和体态与家鹅相似，围绕喙基的额部有1条棕白色狭纹；头顶至后颈棕褐色；上体余部大多褐色，各羽羽缘或多或少有棕白色；头侧、颏和喉淡棕褐色；前颈和颈侧白色；胸棕白色，向后转为白色；两胁暗褐色，羽缘棕白色；喙黑色；脚橙黄或肉红色。两性相似。

生　　境 栖息在河川或沼泽地带，有时亦可见于树林中，并于草丛及茂密的芦苇间筑巢。以植物质为主要食物。飞行时常与大雁相混，但在飞行时，脖子向前伸得较长而易于区别。

绿翅鸭
Anas crecca

识别要点 体小、飞行速度快的鸭类。绿色翼镜在飞行时明显。雄鸟有明显的金属亮绿色，带皮黄色边缘的贯眼纹横贯栗色的头部，肩羽上有一道长长的白色条纹，深色的尾下羽外缘具皮黄色斑块；其余体羽多灰色。雌鸟褐色斑驳，腹部色淡；与雌白眉鸭的区别在于翼镜亮绿色，前翼色深，头部色淡。

生 境 绿翅鸭于8~10月陆续从北方飞来我国南部，次年3~5月又结群北返。迁徙时，成群飞行，往往结成数千至上万只的大群，鸭群鼓翼声响较大。冬季在我国南部，特别是东南部一带的湖泊、河流及近岸的海面上，都常见到它们在昼夜之间结群来往于栖息地与食场之间，是我国冬季最常见而数量又最多的一种水鸭。

绿头鸭
Anas platyrhynchos

识别要点 中等体型。雄鸟头及颈深绿色带光泽,白色颈环使头与栗色胸隔开。雌鸟褐色斑驳,有深色的贯眼纹。

生　　境 栖居于水浅而水生植物丰茂的湖泊、池沼,冬季在水库、江湾、河口等处也随时可见。在南方,它们留居时间最长(10月中旬至4月初),是构成越冬鸭类的主要类群之一。性杂食,由于地区和季节的不同,它们的食物也不一样。总的来看,是以野生植物的种子、芽、茎叶,谷物,藻类,软体动物和昆虫为食。

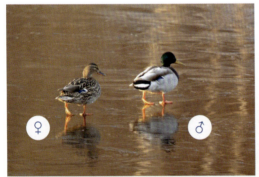

鸟兽篇

赤麻鸭
Tadorna ferruginea

识别要点 体型较大,比家鸭稍大。全身赤黄褐色,翅上有明显的白色翅斑和铜绿色翼镜;嘴、脚、尾黑色;雄鸟有一黑色颈环。飞翔时黑色的飞羽、尾、喙和脚黄褐色的体羽和白色的翼上和翼下覆羽形成鲜明的对照。

生　　境 喜居于清净的大河或海边,除生殖季节外,极少来至湖、池等水域中,有时竟与大雁共居于草地。善于步行,飞行迅速。以植物为主要食品,亦吃昆虫、软体动物、甲壳类、小鱼、小型爬行动物等。

翘鼻麻鸭
Tadorna tadorna

识别要点 体羽大都白色，头和上颈黑色，具绿色光泽；喙向上翘，红色；繁殖期雄鸟上喙基部有一红色瘤状物。自背至胸有一条宽的栗色环带。肩羽和尾羽末端黑色，腹中央有一条宽的黑色纵带，其余体羽白色。飞翔时翼上和翼下的白色覆羽，绿色翼镜，黑色的头、飞羽和腹部纵带，棕栗色的胸环与鲜红色的喙和脚形成鲜明对照。

生　　境 行动似雁，大部分时间栖息在海边或河口，在盐水湖中亦可遇到，但很少到淡水中去。以海产软体动物为主要食物，亦吃昆虫、小鱼、甲壳类和水生植物。善于飞翔、行走和游泳。

鸳鸯

Aix galericulata

保护等级　国家二级重点保护野生动物。

识别要点　中型鸭类，小于绿头鸭，大于绿翅鸭。雌雄异色，雄鸟羽色鲜艳华丽，头具羽冠，眼后有白色眉纹；翅上有一对栗黄色的扇状直立羽，非常明显，易于识别。雌鸟的头与背均灰褐色，无羽冠和扇状直立羽。

生　　境　栖息于内陆湖泊及山麓之江河；平时成对生活而不分离。善于行走和游泳。飞行力亦强。筑巢在多树的小溪边或沼泽区高地上的树洞中。

| 隼形目 | 鹰科

白腹鹞
Circus spilonotus

保护等级 国家二级重点保护野生动物。

识别要点 中等体型的深色鹞。雄鸟似鹊鹞雄鸟，但喉及胸黑并满布白色纵纹。雌鸟尾上覆羽褐色或有时浅色，有别于除白头鹞外的所有鹞类雌鹞。体羽深褐，头顶、颈背、喉及前翼缘皮黄色；头顶及颈背具深褐色纵纹；尾具横斑；从下边看初级飞羽基部的近白色斑块上具深色粗斑。一些个体头部全皮黄色，胸具皮黄色块斑。亚成鸟似雌鸟但色深，仅头顶及颈背为皮黄色。

生　　境 喜栖沼泽低地带，低飞觅饵。嗜吃蛙、蚱蜢、蝼蛄和小鸟等；亦常盗食鸟卵和雏鸟。飞行常成对，有时三五成群。

鹊鹞

Circus melanoleucos

保护等级 国家二级重点保护野生动物。

识别要点 中型猛禽。体色比较独特，与其他鹞类不同，头部、颈部、背部和胸部均为黑色，尾上覆羽为白色，尾羽为灰色，翅膀上有白斑，下胸部至尾下覆羽和腋羽为白色，站立时外形很像喜鹊，所以得名鹊鹞。

生　　境 常见于近水的沼泽地和草原，嗜吃蛙、蜥蜴、小鸟和昆虫等。

草原雕

Aquila nipalensis

保护等级 国家一级重点保护野生动物。

识别要点 体大,全深褐色。容貌凶狠,尾型平。成鸟与其他全深色雕易混淆,但下体具灰色及稀疏的横斑,两翼具深色后缘。飞行时两翼平直,滑翔时两翼略弯曲。

生　　境 主要栖息于开阔平原、草地、荒漠和低山丘陵地带的荒原草地。以啮齿类和鸟类等小型脊椎动物为食,也吃动物尸体和腐肉。

金雕
Aquila chrysaetos

保护等级　国家一级重点保护野生动物。

识别要点　体大，深褐色。头具金色羽冠，喙巨大。飞行时腰部白色明显可见。尾长而圆，两翼呈浅"V"形。与白肩雕的区别在于肩部无白色。亚成鸟羽翼具白色斑纹，尾基部白色。

生　　境　栖于崎岖干旱平原、岩崖山区及开阔原野，捕食雉类、土拨鼠及其他哺乳动物。随暖气流作高空翱翔。

大鵟

Buteo hemilasius

保护等级 国家二级重点保护野生动物。

识别要点 体大,棕色。有几种色型。似棕尾鵟,但体型较大,尾上偏白色并常具横斑,腿深色,次级飞羽具清楚的深色条带。浅色型具深棕色的翼缘。深色型初级飞羽下方的白色斑块比棕尾鵟小。尾常为褐色而非棕色。

生　　境 多栖息于山地。性凶猛,嗜吃野兔和其他啮齿动物。繁殖在东北、青海、西藏等地;冬天分布于华北以至长江流域,有时见于我国南部。

隼科

红脚隼
Falco amurensis

保护等级 国家二级重点保护野生动物。

识别要点 体小，灰色。臀部棕色。翼下覆羽及腋羽暗灰色。上体偏褐色，头顶棕红色，下体具稀疏的黑色纵纹。眼区近黑色，颏、眼下斑块及领环偏白色。两翼及尾灰色，尾下具横斑。翼下覆羽褐色。幼鸟下体偏白而具粗大纵纹，翼下黑色横斑均匀。

生　　境 栖息于山麓地带，飞翔强劲而迅速，并常逆风扇动翅膀，似悬于空中。食物以蝗虫为主，亦有蝼蛄、蜻蜓及小型鸟类，偶有鼠类。

红隼

Falco tinnunculus

保护等级　国家二级重点保护野生动物。

识别要点　小型猛禽。翅狭长而尖，尾亦较长。雄鸟头蓝灰色，背和翅上覆羽砖红色，具三角形黑斑；腰、尾上覆羽和尾羽蓝灰色，尾具宽阔的黑色次端斑和白色端斑，眼下有一条垂直向下的黑色髭纹。下体颏、喉乳白色或棕白色，其余下体乳黄色或棕黄色，具黑褐色纵纹和斑点。雌鸟上体从头至尾棕红色，具黑褐色纵纹和横斑，下体乳黄色，除喉外均被黑褐色纵纹和斑点，具黑色眼下纵纹。跗跖深黄色，爪黑色。

生　　境　喜开阔原野。停栖在柱子或枯树上，伺机从地面捕捉猎物。

燕隼
Falco Subbuteo

保护等级　国家二级重点保护野生动物。

识别要点　小型猛禽，上体深蓝褐色，下体白色，具暗色条纹。腿羽淡红色。有一个细细的白色眉纹，颊部有一个垂直向下的黑色髭纹，颈部的侧面、喉部、胸部和腹部均为白色，胸部和腹部还有黑色的纵纹，下腹部至尾下覆羽和覆腿羽为棕栗色。尾羽为灰色或石板褐色，除中央尾羽外，所有尾羽的内侧均具有皮黄色、棕色或黑褐色的横斑和淡棕黄色的羽端。

生　　境　于飞行中捕捉昆虫及鸟类，飞行迅速，喜开阔地及有林地带，高可至海拔2000m。

鸟兽篇

鸡形目 | 松鸡科

黑琴鸡
Lyrurus tetrix

保护等级 国家一级重点保护野生动物。

识别要点 中等体形，大小似家鸡。雄鸟几乎全黑，翅上具白色翼镜；尾呈叉状，外侧尾羽长而向外弯曲。雌鸟体形稍小，大都棕褐色，而具黑褐色横斑，翅上白色翼镜不显著，尾亦呈叉状，但叉裂不大，外侧尾羽不向外弯。金属光泽，尤其是颈部更为明亮。别致的是雄鸟的18枚黑褐色尾羽，最外侧的三对特别延长并呈镰刀状向外弯曲。

生　　境 黑琴鸡是落叶松和混交林带的林栖鸟类，在纯针叶林、森林草原、草甸、森林沟谷中均能见到。主要吃植物性食物，夏季兼食昆虫。一般说来，乔灌木的嫩枝、叶、芽、花序（桦、赤杨、柳等）、果实和浆果（如越橘）等是主要食料；昆虫（主要为蚂蚁和鳞翅目幼虫）及杂草种子、谷粒等为辅助食料。

鸟兽篇

33

雉科

斑翅山鹑
Perdix dauurica

识别要点 喉侧羽毛变长变尖,成须状。前胸具大片赤褐色;雄者后胸具黑色或黑褐色马蹄形斑。

生　　境 生活在多种多样不同的地域内:有的生活在山坡,冬季常迁到山麓田野;有的生活在草原。在东北一带,数量较多,特别在西部草原带的树林内,随树林砍伐而扩大其栖息范围。通常成群觅食。以植物种子和嫩芽等为主要食物,兼食甲虫。在田野间,亦掠食一些农作物,如高粱、黍子和荞麦等。

环颈雉
Phasianus colchicus

识别要点 较家鸡略小，尾羽18枚，呈矛状；中央尾羽比外侧尾羽长；雄鸟羽色华丽，具金属光彩，头顶两侧各有一束耸立且羽端方形的耳羽簇；雌鸟的羽色暗淡，大都为褐色和棕黄色，杂以黑斑；尾羽较短。

生　　境 栖息于山坡灌丛、草丛、竹丛和耕地边缘。多见单个、成对或3~5只结成小群活动。性杂食，食物主要为小麦、稻谷、豌豆等农作物和嫩草、其他植物叶、芽、种子、果实等，也取食昆虫等动物性食物。

鹤形目 | 鹤科

白枕鹤
Grus vipio

保护等级 国家一级重点保护野生动物。

识别要点 大型涉禽,全长约1200mm;全体灰色,头顶后部、枕部、后颈、上颈侧部及喉部为白色,眼周及两颊的皮肤裸露,呈红色。

鸟兽篇

生　　境　主要栖息于芦苇沼泽和沼泽化草甸。在迁徙和越冬时，喜栖在淡水湖或河流滩地、休闲稻田以及沿海滩涂活动。杂食性，在繁殖地中主要以植物的种子、根、块茎、薹草和残余的谷物以及昆虫、虾、软体动物等为食。

蓑羽鹤

Anthropoides virgo

保护等级 国家二级重点保护野生动物。

识别要点 大型涉禽，但在鹤类中体型最小，体羽灰色，全长68~92cm。头顶被羽，无红色裸露皮肤；耳羽白色，延长并下垂，向后延伸；胸部有灰黑色蓑羽；飞翔时翅尖黑色。

生　　境 生活在北方开阔的草原地区，在中国的栖息地类型有草甸草原、典型草原和荒漠草原，也在芦苇沼泽、苇塘、湖泊、河流等湿地周围或农田中活动。杂食性，主要食物有植物的种子、根、茎、叶和鱼、蛙、野鼠等小型动物以及昆虫，迁飞途中吃谷粒、花生、青豆和其他作物。

鸟兽篇

鸨科

大鸨
Otis tarda

保护等级 国家一级重点保护野生动物。

识别要点 喙短,头长、基部宽大于高。翅大而圆,第3枚初级飞羽最长。无冠羽或皱领,雄鸟在喉部两侧有刚毛状的须状羽,其上身有少量的羽瓣。跗跖为翅长的1/4。雄鸟的头、颈及前胸灰色,其余下体栗棕色,密布宽阔的黑色横斑。下体灰白色,颏下有细长向两侧伸出的须状纤羽。雌雄鸟的两翅覆羽均为白色,在翅上形成大的白斑,飞翔时十分明显。

生　　境 大鸨是典型的草原鸟类,主要栖息在典型草原和荒漠草原。在越冬地大鸨主要栖息在人烟稀少的麦田、荒草地、开阔的河漫滩、枯水期露出水面的湖滩周围和草洲一带。杂食性,食物以植物为主,也吃无脊椎动物,偶尔吃脊椎动物;幼鸟主要吃昆虫,随年龄增长和季节变化植物性食物逐渐增多。

鸟兽篇

秧鸡科

黑水鸡
Gallinula chloropus

识别要点 嘴基和额甲红色，额甲后端圆钝；趾具侧膜缘；两性相同。头、颈、上背及下体灰黑色，而下背和双翅橄榄褐色；下腹有一大块白斑；尾下覆羽两侧白色，中央黑色。

生　　境 栖息在有挺水植物的淡水湿地、水域附近的芦苇丛、灌木丛、草丛、沼泽和稻田中。不耐寒，一般不在咸水中生活，喜欢有树木或挺水植物遮蔽的水域，不喜欢很开阔的场所，垂直分布高度为海拔 400~1740m。

| 鸻形目 | 鸻科

凤头麦鸡
Vanellus vanellus

识别要点 中型涉禽。头顶具细长而稍向前弯的黑色冠羽，像突出于头顶的角，甚为醒目。鼻孔线形，位于鼻沟里。鼻沟的长度超过喙长的一半。翅形圆。跗趾修长，胫下部亦裸出。

生　　境 成对或小群栖息于河岸，以小虾、蠕虫及昆虫为食，有时也可在田野里遇见。

反嘴鹬科

黑翅长脚鹬
Himantopus himantopus

识别要点 黑白色涉禽。特征为细长的喙黑色，两翼黑色，长长的腿红色，体羽白色。颈背具黑色斑块。幼鸟褐色较浓，头顶及颈背沾灰色。

生　　境 黑翅长脚鹬多结小群活动，时有近百只的集群。多在内陆平原地区的河畔、稻田以及湖沼边缘活动。常站在水中将喙和头插入水中觅食，以水生昆虫、软体动物、蠕虫以及水生植物种子为食。

鹬科

鹤鹬
Tringa erythropus

识别要点 小型涉禽，体长 26~33cm，夏季通体黑色，眼圈白色，在黑色的头部极为醒目。背具白色羽缘，使上体呈黑白斑驳状，头、颈和整个下体纯黑色，仅两胁具白色鳞状斑。喙细长、直而尖，下喙基部红色，余为黑色。脚亦长细、暗红色。冬季背灰褐色，腹白色，胸侧和两胁具灰褐色横斑。眉纹白色，脚鲜红色。腰和尾白色，尾具褐色横斑。

生　　境 喜在沼泽或水域浅水处活动。以各种水生昆虫、软体动物、甲壳动物、鱼和虾为食。

黑尾塍鹬
Limosa limosa

识别要点 喙细长而直。夏羽：头顶和上体黑褐色杂栗色块斑；颈、胸栗色；喉白，腰黑；尾上覆羽白，尾羽黑色；下体满布暗褐色波状横斑。冬羽：上体浅棕白色；颈、胸部淡沙棕色；下体白色。

生　　境 常常群聚活动于潮湿的草地、荒地、沼泽、淡水湿地。主要以水生昆虫为食，亦食蚌类。

扇尾沙锥
Gallinago gallinago

识别要点 小型涉禽。喙粗长而直，上体黑褐色，头顶具乳黄色或黄白色中央冠纹；侧冠纹黑褐色，眉纹乳黄白色，贯眼纹黑褐色。背、肩具乳黄色羽缘，形成4条纵带。颈和上胸黄褐色，具黑褐色纵纹。下胸至尾下覆羽白色。尾具宽阔的棕色亚端斑和窄的白色端斑。外侧尾羽不变窄，次级飞羽具宽的白色端缘，在翅上形成明显的白色翅后缘，翅下覆羽亦较白，较少黑褐色横斑。

生　　境 栖息于山地溪流、沼泽、滩地、近水草地、芦苇丛和稻田里。常隐身于枯草丛中，因羽色条纹酷似枯草，极难被发现。飞行急速，常直上直下快速翻飞。觅食时主要用细长的喙啄食泥土中的软体动物、昆虫幼虫和蠕虫等。

青脚滨鹬

Calidris temminckii

识别要点 体型小。上体暗灰褐色,羽缘淡栗色。眉纹不显。下体近纯白色,胸部有一淡褐色至灰褐色的胸带,外侧 2~3 对尾羽全白色,飞行时显露。腿黄色或绿色。

生 境 青脚滨鹬繁殖地在北极苔原地区,大多在北回归线与赤道附近越冬。是中国的旅鸟。迁徙季节多结群栖息于内陆淡水湖泊浅滩、水田、河流附近的沼泽地和沙洲,在浅水中或草地上觅食。以昆虫、小甲壳动物、蠕虫为食。

鸥科

棕头鸥
Larus brunnicephalus

识别要点 中型鸥类。夏羽:头褐色,靠近颈部处黑褐色更深;眼周具白斑;肩、背珠灰色;腰、尾和下体均呈白色;外侧两枚初级飞羽黑色,近端部具白斑,其余初级飞羽基部白色,具黑色羽端。冬羽:头部白色,眼后有一深色斑,其余羽色与夏羽相似。喙、脚红色。

生　　境 非繁殖期主要栖息于海岸、河口、港湾和山麓平原的湖泊、水库及江河中,繁殖期则在海拔2000~3500m的高山和高原的湖泊、河流、沼泽、水塘等地区。以鱼、虾、软体动物及其他甲壳类动物和水生昆虫为主要食物。

普通燕鸥
Sterna hirundo

识别要点 体型中等。喙黑色或带红色，头顶自喙基至后枕及后颈黑色，禽羽及双翅暗灰色，翅的外沿，包括外侧初级飞羽灰色或暗灰色，身体余部白色，下体带有淡灰至淡紫色，外侧尾羽延长，尾呈深叉状，双翅摺合时翼尖达尾尖，脚黑色或稍带红色。冬羽头顶有暗色纵纹，其余似夏羽。

生　　境 主要栖息于平原、荒漠、高原、盆地的草地、湖泊、河流、水库、沼泽、水塘、水渠、稻田等淡水水域，有时也出现于河口、港湾、海岸和沿海的沼泽与水塘。食物主要为小鱼、小虾、其他甲壳动物、昆虫以及蜥蜴类。

鹃形目 | 杜鹃科

大杜鹃
Cuculus canorus

识别要点 中等体型的杜鹃。上体灰色，尾偏黑色，腹部近白而具黑色横斑。棕红色变异型雌鸟为棕色，背部具黑色横斑。幼鸟枕部有白色块斑。

生　　境 多单独或成对活动。在山区树林及平原的树上或电线上常可见到。食物主要以毛虫为主，也吃一些蛴螬之类的幼虫和甲虫。

| 犀鸟目 | 戴胜科

戴胜
Upupa epops

识别要点 头顶羽冠长而阔,呈扇形。颜色为棕红色或沙粉红色,具黑色端斑和白色次端斑。头侧和后颈淡棕色,上背和肩灰棕色。下背黑色而杂有淡棕白色宽阔横斑。

生　　境 常见单独或成对活动于居民点附近的荒地和田园中的地上,完全在地面觅食,有时也结小群在堆肥处一起觅食。遇有干扰,即飞往树上或岩石上。食物以昆虫为主。

啄木鸟目 | 啄木鸟科

小斑啄木鸟
Picoides minor

识别要点 额及颊白色，头顶及项部深红色；背中部白色间以黑横斑；上体余部及一髭纹黑色。中央尾羽黑色，最外侧的尾羽白色，外羽片有一黑色次端横斑，内羽片有2道以上黑横斑。翅黑色而具白点斑，内侧飞羽为黑、白横斑相间。下体白色，喉以下沾灰色，体侧具黑条纹。雌鸟仅有头上无红色之别。

生　　境 栖息于阔叶林和次生林中，亦常到田边、道旁取食。非繁殖季节单独活动，常由树干下部和中部螺旋式向上攀登，有时也沿着水平枝攀缘。在林间穿飞，飞速快但距离短。食物全为昆虫。

| 雀形目 | 鹡鸰科

树鹨
Anthus hodgsoni

识别要点 上体橄榄绿色，满布暗褐色纵纹；眉纹淡棕白；翅上具2道棕黄色翅斑；下体白色，胸和两胁有棕黄色，并具较粗的黑色纵纹；最外侧1对尾羽大都白色，次1对尾羽仅尖端有小的三角形白斑。两性相似。

生　境 栖息于阔叶林、针叶林和针阔混交林及稀树灌丛草地，也见于居民点房屋周围和田野等地的树木上。食物以昆虫为主。

黄头鹡鸰

Motacilla citreola

识别要点 体型较纤细,喙较细长,先端具缺刻;翅尖长,内侧飞羽(三级飞羽)极长,几与翅尖平齐;尾细长呈圆尾状,中央尾羽比外侧尾羽长。

生　　境 栖息活动于江河、湖泊、溪流、水库、坝塘等水域周围的浅水滩和田坝、草地之中,多单个或成对活动,有时也见三五只成群。食物主要是昆虫。

太平鸟科

太平鸟
Bombycilla garrulus

识别要点 通体灰褐色,具羽冠;颏、喉黑色,尾羽先端黄色。

生　　境 太平鸟为我国的旅鸟及冬候鸟,越冬栖息地以针叶林及高大阔叶树为主。太平鸟在繁殖期主要以昆虫为食,秋后则以浆果为主食,也吃花楸、酸果蔓、野蔷薇、山楂、鼠李的果实以及落叶松的球果。

| 鸦科

达乌里寒鸦
Corvus dauurica

识别要点 体形较其他鸦类小。领圈和腹部灰白色,余部均为黑色。两性相似。黑色型个体羽毛全为黑色,但体形较小,易于鉴别。

生　　境 栖息于阔叶林、针阔混交林、亚高山灌丛以及高山草甸地带,冬季见于靠近居民点的牧场、农田等处。性喜结群,除繁殖期外,常结成数十只至上百只的大群活动,有时也与其他鸦类混群。杂食性鸟类,食物包括鞘翅目、鳞翅目等昆虫的成、幼虫和软体动物、蜘蛛、蚯蚓、鼠类、蜥蜴、幼鸟、鸟卵以及谷类、豆类、胡桃、蔷薇科的浆果及其他水果。

鹟科

北红尾鸲
Phoenicurus auroreus

识别要点 雄鸟头顶至上背石板灰色；头侧颊、喉、背和肩羽及两翅黑色；翅上内侧飞羽具白色块斑；腰至尾上覆羽棕黄色；中央尾羽黑褐色；外侧尾羽棕黄色；下体余部棕黄色。雌鸟头顶、后颈至背和肩羽暗橄榄褐色；翅黑褐色；外缘橄榄褐色；内侧飞羽亦具白色块斑；头、颈两侧和胸部橄榄褐色；颏、喉近白沾橄榄褐色；腹淡皮黄；尾羽与雄鸟相似。

生　　境 常成对或单个活动在山地、河谷、林缘、耕地或居民点附近的灌丛或低矮树上。多在道路两侧的次生林或阔叶林内觅食。

长尾山雀科

银喉长尾山雀
Aegithalos caudatus

识别要点 头顶黑色，中央贯以浅色纵纹；头和颈侧呈淡葡萄棕色；背灰；尾黑色；下体淡葡萄红色，喉部中央具银灰色斑块。

生　　境 多栖息于山地针叶林或针阔叶混交林，在东北辽宁地区东部山区的落叶松林中较为常见，冬季或迁平原。主要以昆虫为食。

雀科

红交嘴雀
Loxia curvirostra

保护等级 国家二级重点保护野生动物。

识别要点 体形似朱雀，但上下嘴弯曲而交叉；雄鸟体羽红色，上背较暗，腰和胸最鲜亮；头侧暗褐色；翅和尾羽黑褐色。雌鸟暗橄榄绿色；腰至尾上覆羽黄绿色，隐现暗色斑纹；翅和尾羽暗褐色。

生　　境 红交嘴雀是山区针叶林带的典型鸟类，平时生活于松、落叶松、枞、杉等森林中。食物以松、杉的球果为主，尤喜食落叶松子。

鸟兽篇

红眉朱雀

Carpodacus pulcherrimus

识别要点　中等体型的朱雀。上体褐色斑驳，眉纹、脸颊、胸及腰淡紫粉色，臀近白色。雌鸟无粉色，但具明显的皮黄色眉纹。雄雌两性均甚似体型较小的曙红朱雀，但喙较粗厚且尾的比例较长。藏南亚种粉色较其他亚种为淡。虹膜深褐色；喙浅角质色；脚橙褐色。

兽类

食肉目 | 犬科

赤狐
Vulpes vulpes

保护等级　国家二级重点保护野生动物。

识别要点　赤狐是狐属中个体最大者，体重可达6.5kg。体形细长，四肢短，吻尖长，耳尖直立，尾毛长而蓬松，尾长超过体长之半。背毛棕黄或棕红色，亦有呈棕白色，因气候或地区不同而略有差异；喉、胸和腹部毛色浅淡，耳背面上部及四肢外面均趋黑色；尾背面红褐色带有黑、黄或灰色细斑，尾腹面棕白色，尾端白色。

生　　境　利用其他动物的弃洞或树洞栖居，有时也在大山岩石下生活；洞中常有几只狐同居，甚至有时与獾同栖一洞。主食小型兽和鸟类，也捕捉鱼、蛙、蜥蜴、昆虫和采食野果。

| 偶蹄目 | 鹿科

狍
Capreolus capreolus

识别要点 头骨吻部相对较短,犁骨不向后延伸分隔鼻腔。第三和第四趾细小而尖,着地;第二和第五趾退化,高悬无功能。围绕肛部有一巨大的白色或浅柠檬黄的色斑。两性均无明显的尾。

生　　境 栖于混交林及大森林边缘的疏林中,在山区灌丛、河谷或平原上亦常见到,有时跑到村庄附近。

马鹿

Cervus canadensis

保护等级 国家二级重点保护野生动物。

识别要点 体形较大，体重约 200kg，体长 2m 多，肩高约 1m。肩部与臀部高度相同。耳大，圆锥形。颈较长，约占体长的 1/3，颈下被较长的毛。尾短，但显著。四肢长，蹄大，呈卵圆形。雄性有角，眉叉斜向前伸，与主干几成直角，主干长，稍向后倾斜，并略向内弯，第二叉起点紧靠眉叉，第三叉与第二叉的距离远，有时主干末端复有分叉。冬毛厚密，有绒毛，灰棕色，颈部与身体背面稍带黄褐色，由额部沿背中线到体后有一黑棕色条纹，嘴、下颏深棕，颊棕色，额部棕黑色。耳黄褐，耳内毛白色。臀部具有一黄赭色的大斑，四肢外侧棕色，内侧较淡。夏毛较短，一般为赤褐色。

生 境 栖于大面积的混交林或高山森林草原。冬季到山谷的密林中，夏季则常在高山林缘。

鸟兽篇

昆虫篇

蜻蜓目 | 蜻科

黄蜻
Pantala flavescens

体长 32~40mm，身体赤黄至红色；头顶中央突起，顶端黄色，下方黑褐色，后头褐色。前胸黑褐，前叶上方和背板有白斑；合胸背前方赤褐，具细毛。翅透明，赤黄色；后翅臀域浅茶褐色。足黑色，腿节及前、中足胫节有黄色纹。腹部赤黄，第 1 腹节背板有黄色横斑，第 4~10 背板各具黑色斑一块。肛附器基部黑褐色，端部黑褐色。

若虫水生，以水中浮游生物为食。成虫飞行迅速敏捷，在飞行中捕捉蚊、蝇等昆虫为食，是重要的益虫。

| 半翅目 | 蝽科

红足真蝽
Pentatoma rufipes

成虫体长15.5~17.5mm，深紫黑色，略有金属光泽，密布黑刻点。触角棕黑色，第一节色淡。前胸背板侧角扁阔，黑色，向外突出，并略上翘，其前部圆，向后呈菱角状略弯；前侧缘强烈内凹，边缘色淡，具小锯齿。侧接缘淡红褐色，各节前后缘黑色，两色相间成条纹。小盾片甚大，末端橙红。足深红褐色，爪黑褐色。前翅膜片长于腹端，褐色。

主要寄主为小叶杨、柳、榆、花楸、桦、橡树、山楂、醋栗、杏、梨、海棠。

蛇蛉目 | 蛇蛉科

戈壁黄痣蛇蛉
Xanthostigma gobicola

成虫体细长，小至中型。头长，后部缢缩略呈三角形。触角长丝状，口器咀嚼式，复眼大，单眼3个。前胸极度延长，呈颈状。前、后翅相似，狭长、膜质、透明，翅脉网状，具翅痣，翅痣内有横脉，后翅无明显的臀区。腹部10节、褐色，两侧各有1条淡黄色的纵斑。无尾须，雄虫尾端具肛上板和抱握器，雌虫具发达的细长产卵器。

成虫多在森林地带中的草丛、花和树干等处，捕食蚜虫和鳞翅目毛虫等，是重要益虫。

| 鞘翅目 | 金龟科

弧丽金龟
Popillia sp.

体长 8.5~12.5mm。全体多为蓝黑色或黑色,具金属光泽。臀板基部有 2 个相互远离的小毛斑。

主要危害乔木、灌木的叶片、花朵、果实等。

叩甲科

锥胸叩甲
Ampedus sp.

体密布棕色短毛，前胸背板黑色。头小，触角锯齿状，向后约达前胸背板基部。前胸背板宽略大于长，基半部最宽、后侧角尖锐，向后方突出，具脊鞘翅基部与前胸等宽，两侧平行，近端部 1/3 处渐收窄，刻点行明显，散布不规则小刻点。

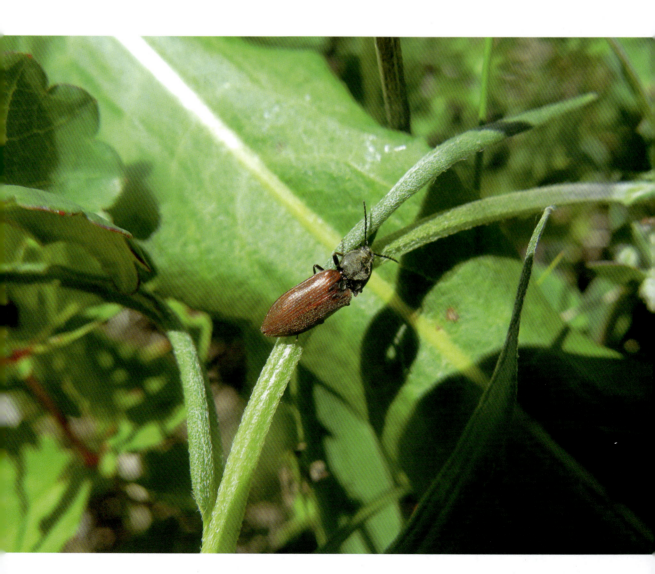

| 瓢虫科

七星瓢虫
Coccinella septempunctata

体长 5~7mm，卵形，背面强度拱起，无毛。前胸背板黑色，两侧前半部具近方形的黄色斑纹。鞘翅鲜红色，具 7 个黑斑，其中位于小盾片下方的小盾斑为鞘缝分割成每边一半，其余每一鞘翅上各有 3 个黑斑。小盾斑前侧各具 1 个灰白色三角形斑。

见于草地及农地，也见于树林及灌木。取食大豆蚜、棉蚜、玉米蚜等。

异色瓢虫
Harmonia axyridis

体长 5~8mm，体卵形，体背强烈拱起，无毛。浅色前胸背板上有 M 形黑斑，常变化。小盾片橙黄色至黑色。鞘翅上色斑常变化。近末端腹部 7~8 节处有 1 条明显的横脊痕，是鉴定该种的重要特征。

取食多种蚜虫、蚧虫、木虱等。

| 芫菁科

四星栉芫菁
Megatrachelus politus

体黑色。触角丝状，前胸背板小刻点极少，中部最宽，前端窄。鞘翅橙色，具4个黑斑，侧缘显著。

圆胸地胆芫菁
Meloe corvinus

个体较大，全体黑蓝色，稍带紫色，有光泽。头部大，头部有稀疏的刻点，复眼圆形，黑褐色。触角蓝色11节，雄虫触角中部不膨大。鞘翅极短，呈叶片状。前胸背板圆柱形。

成虫植食性，幼虫寄生于蜜蜂等昆虫之上吸食血淋巴。

绿边绿芫菁
Lytta suturella

成虫体长 11.5~17mm，体蓝色或绿色，具金属光泽。头三角形，散布刻点及短毛。前胸背板前缘弯曲，散布黄色短毛，中央具 1 浅纵凹。小盾片三角形。足与体同色。前足胫节末端具 1 距，中足胫节末端具 2 细长距，后足胫节末端具 2 距。鞘翅绿色具黄色条带，条带宽而长，几乎扩展至整个鞘翅。

成虫取食榆树、杨树、柳树、刺槐等阔叶树种的叶片，严重时可将叶片吃光。

天牛科

橡黑花天牛
Leptura aethiops

体长 11~16mm，黑色，密被黑色绒毛，体腹面毛为灰色。雌虫触角较短，约为体长的 3/4；雄虫触角与身体等长或略短。前胸前端紧缩，后端阔，前胸背板后缘弯曲，后端角突出，尖锐。鞘翅基端阔，末端较狭。雄虫后足胫节弯曲，内侧凹，左右各具 1 条纵脊纹。

寄主为橡树、椿树、柞树、白桦、榛树。

麻竖毛天牛
Thyestilla gebleri

体长 8~16mm，黑色，被厚密绒毛及竖毛。雄虫触角最长超过翅端，雌虫略短。前胸背板具 3 条灰白色绒毛狭直纹，鞘翅沿中缝及自肩部而下各有 1 条灰白色纵条纹。体背面其余各处绒毛颜色变化较大。头顶中区有时具 1 条灰白色的直纹，触角下沿灰色，上沿自第 2 节起每节基部淡灰色。

寄主为大麻、兰麻、棉花、蓟等。

叶甲科

杨叶甲
Chrysomela populi

成虫体长约11mm，椭圆形，背面隆起，体蓝黑色或黑色。头、胸、小盾片、身体腹面及足均为黑蓝色，并有铜绿色光泽。头部有较密的小刻点，前胸背板侧缘微弧形，小盾片舌状。鞘翅红色或红褐色，具光泽，中缝顶端常有1小黑点。幼虫头黑色，胸腹部白色略带黄色光泽。前胸背板具1对弧形黑斑，各节具成列黑斑。

为杨柳科植物重要害虫。

光背锯角叶甲
Clytra laeviuscula

成虫体长 10~11.5mm。鞘翅麦秆黄到棕黄色，肩部有 1 个近圆形黑斑，中部稍后有 1 个宽黑横斑。小盾片黑色。前胸背板隆凸，除前缘两侧、后缘和后侧角有小刻点外，整个盘区光滑无刻点。头部刻点粗密。雌虫腹末节较短，近后缘的中央有 1 个小凹窝；雄虫腹末节很长，中部稍低凹而光亮，略呈长圆形。

危害柳、榆、桦、水青冈属植物。

柳圆叶甲

Plagiodera versicolora

　　成虫体长约4mm，近圆形，深蓝色，具金属光泽。头部横阔，触角6节，基部细小，褐色至深褐色，上生细毛；前胸背板横阔光滑。鞘翅上密生略成行列的细刻点，体腹面、足色较深，具光泽。幼虫灰褐色，胸部宽，3对足，全身有黑褐色凸起状物，体背每节具4个黑斑，两侧具乳突。体背有6个黑色瘤状突起。

　　危害各种柳、杨等。

象甲科

白毛树皮象
Hylobius albosparsus

成虫体长 11~15mm,深褐色,头部背面布满不规则圆形刻点。喙长而粗,略弯;前胸背板宽略大于长,散布深坑,中间两侧各有一大窝;鞘翅深棕色,较前胸宽,上有近长方形的成虚线排列的刻点和金黄色鳞片花纹,形成 3 条不规则的横带。主要危害落叶松幼林。

绿鳞象甲

Hypomeces squamosus

成虫体长 15~18mm，黑色，密披墨绿、淡绿、淡棕、古铜、灰、绿等有光泽的鳞毛。头、喙背面扁平，中间有一宽而深的中沟，复眼突出。前胸背板以后缘最宽，前缘最狭，中央有纵沟。小盾片三角形。雌虫腹部较大，雄虫腹部较小。

危害油茶、柑橘、棉花、甘蔗、大豆、花生、玉米、桑、烟、麻等植物。

| 鳞翅目 | 粉蝶科

绢粉蝶
Aporia crataegi

翅面以白色为主，基本无斑，翅脉黑褐色，前翅翅形略呈三角形，后翅反面不带黄色。后翅反面的中域区，常散布一层淡灰色鳞毛。翅展 63~73mm。

绢粉蝶幼虫危害寄主植物的叶、芽、花器及幼果，有时可将植物的嫩叶全部食光，状若枯死，给林业生产造成严重危害。

绢蝶科

小红珠绢蝶
Parnassius nomion

翅白色,翅脉黄褐色。前翅前缘有2个横列的外围黑环的红斑,外缘半透明,亚外缘在翅脉间有灰褐色新月斑,中室脉斑和中室内斑大,黑色。近后缘有1个圆形围斑;后翅前缘及翅中部各有1个外围黑环的红斑,红斑中镶白斑或白点,外缘半透明,翅脉端发黑,亚外缘翅脉间有1行横列灰褐色新月斑,翅基及内缘为不规则的宽黑带占据。翅反面似正面,但后翅翅基和内缘宽黑带上嵌有红斑6个。

| 蛱蝶科

褐蜜蛱蝶
Mellicta ambigua

翅背面底色为酱黑色，中室及室端有 3 个赤黄色斑，前后翅端半部有 3 列橙黄色横带，后翅基部密布黑褐色长毛；后翅腹面翅基有 4 个白斑，中室具 1 个白斑，中部和外缘有白斑带。

阿尔网蛱蝶
Melitaea arcesia

翅背面底色为黑色，斑纹橙黄色。前翅中室外有橙黄色斑。前翅外中部有 2 列较宽橙黄色斑带，翅外缘黑色，有 1 列稀疏小黄点，缘毛黑白相间。后翅中部有橙黄色条状和点状斑。

| 灰蝶科

豆灰蝶
Plebejus argus

成虫体长约10mm，翅展25~30mm。雄蝶前后翅正面蓝紫色，外缘黑色，缘毛白色且长；前后翅反面灰白色，基部青色，外缘黑色，沿外缘有1列黑色圆点和1列黑色新月形点。雌蝶前后翅暗褐色，后翅近外缘有1列黑色圆斑，其内面镶有黄色环；前后翅反面淡褐色，斑纹同雄蝶。幼虫头黑褐色，胴部绿色，背线色深，两侧具黄边。

弄蝶科

银弄蝶
Carterocephalus palaemon

雌性和雄性基本相似，雌性略大。翅正面深棕色，有橘黄色的纹路和金色的斑点；前翅为橘黄色带有深色的斑点，后翅为枯叶色，上面分布着带有黑色边缘的奶油色的斑点。

银弄蝶是一种林地蝴蝶，在潮湿的森林里繁殖，并且对蓝色的花朵有特别的喜好。

小赭弄蝶
Ochlodes venata

雄蝶正反面各翅上黄斑极为发达,且前翅前角附近的斑点较大。翅上斑纹多为金黄色护透明的斑纹;前翅中室外端的 2 个斑点发达整齐;雄蝶中室下侧有纺棰形性标;雌蝶中室端部的斑纹相连。

多在林间开阔地活动。

枯叶蛾科

落叶松毛虫
Dendrolimus superans

　　成虫体长25~38mm，灰白到灰褐色，前翅外缘较直，中横线与外横线间距离较外横线与亚外缘线间距离更阔；幼虫体侧有长毛，褐斑清楚，中后胸节背面毒毛带明显，体侧由头至尾有一条纵带。

　　主要危害落叶松，亦危害红松、油松、樟子松、云杉、冷杉等针叶树种。取食针叶，爆发时吃光针叶，使枝干形同火烧。

| 尺蛾科

蝶青尺蛾
Geometra papilionaria

前翅长 22~27mm，翅绿色，额、头顶绿色，胸部背面绿色，腹部背面污白色。雌虫触角丝状，雄虫触角双栉状。前翅外缘浅波曲，中部凸出；内线白色，波曲，外侧有暗绿色阴影；外线白色锯齿形，不完整，但其内侧的暗绿色阴影完整清晰；亚缘线清晰，为脉间白斑。后翅顶角圆，外缘圆锯齿形，外线白色，浅锯齿形；亚缘线白色。

霞光万道

植物篇

蹄盖蕨科 | 蹄盖蕨属

多齿蹄盖蕨
Athyrium multidentatum

形态特征 多年生草本植物，植株高可达100cm，根状茎短而粗，斜生。叶簇生，羽片互生或近对生，长圆状披针形，有短柄，基部对称。

生境分布 塞罕坝林区普遍分布，生长于林下湿处、天然针阔混交林、阔叶林及林缘、灌木丛等空气湿度大的环境中。

用　　途 有清热解毒、凉血的作用，对风热感冒、温热斑疹、吐血、肠风便血、血痢等具有一定的食疗滋补作用。

| 木贼科 | 木贼属

犬问荆
Equisetum palustre

形态特征 多年生草本，高15~30cm，根状茎黑褐色。叶鞘漏斗状，主枝的鞘齿三角状披针形，顶端黑褐色，有白色膜质的宽边。孢子囊穗长圆形，长15~25mm，钝头，有短柄。

生境分布 塞罕坝林区普遍分布，多生长在针叶林、针阔混交林下的湿地、沟旁及路边等处。

用　　途 本品用于风湿性关节炎、痛风、动脉粥样硬化，可清热消炎、止血、利尿。

| 蓼科 | 蓼属

珠芽蓼
Bistorta vivipara

形态特征 多年生草本。根状茎粗壮，弯曲，黑褐色，直径1~2cm。瘦果卵形，长约2mm，包于宿存花被内。花期5~7月，果期7~9月。

生境分布 塞罕坝林区普遍分布，生长在山坡林下、高山或亚高山草甸。

用　　途 根状茎入药，清热解毒，止血散瘀。

植物篇

石竹科 | 石竹属

石竹
Dianthus chinensis

形态特征 多年生草本，高30~50cm，全株无毛，带粉绿色。蒴果圆筒形，包于宿存萼内，顶端4裂；种子黑色，扁圆形。花期5~6月，果期7~9月。

生境分布 塞罕坝林区普遍分布，生长在草原和山坡草地。

用　　途 根和全草入药，清热利尿，破血通经，散瘀消肿。

| 毛茛科 | 铁线莲属

棉团铁线莲
Clematis hexapetala

形态特征 多年生草本，高达120cm。茎直立，圆柱形，有条纹，基部具纤维状枯叶裂。花期6~8月，果期7~9月。

生境分布 塞罕坝林区普遍分布，适应性强，一般环境均能生长。

用　　途 根入药，可祛风湿、通络止痛；全株可作农药；亦可作切花或干花原料。

银莲花属

长毛银莲花
Anemone narcissiflora

形态特征　多年生草本。花葶和叶柄密被近平展或稍向下斜展的长柔毛。植株高 45~67cm，6~7 月开花。

生境分布　塞罕坝林区普遍分布，生长在山地草坡或林下。

用　　途　可作切花、干花原料；经引种驯化可在公园栽培供观赏。

大花银莲花
Anemone sylvestris

形态特征 多年生草本。植株高18~50cm。根状茎垂直或稍斜,长达3cm,粗2~2.5mm。聚合果直径约1cm;瘦果长约2mm,有短柄,密被长绵毛。花期5~6月。

生境分布 塞罕坝坝上林区普遍分布,多生长在山谷草坡或桦树林边、草原。

用　　途 可作切花、干花原料。

| 耧斗菜属

华北耧斗菜
Aquilegia yabeana

形态特征　多年生草本。根暗褐色，茎直立，高60cm，稍有纵棱，基部稍带紫色。种子黑色，有光泽，种子上有点状皱纹。花期6~8月。

生境分布　塞罕坝林区普遍分布，多生长在山坡、林缘、沟谷及石缝中。

用　　途　可栽培供观赏；亦可作干花、切花原料。

金莲花属

金莲花
Trollius chinensis

形态特征　多年生草本，高30~70cm。无毛；茎单一，不分枝，具纵棱纹。蓇葖果长1~1.2cm。花期7月，果期8~9月。

生境分布　塞罕坝林区普遍分布，喜光，稍耐阴，生长在海拔1300m以上的山间草地、草原、沼泽草甸、林缘或疏林下。

用　　途　上好的干花和切花原料；花可入药和制茶，有清热解毒功效。

翠雀属

翠雀
Delphinium grandiflorum

形态特征 多年生草本,高 70~80cm。有少数分枝,具反曲的微柔毛。聚合蓇葖果,具多数种子;种子四面体形,具膜质翅。花期 6~7 月。

生境分布 塞罕坝林区普遍分布,多生长在山地草坡或山间草地、林缘或疏林下。

用　　途 可作切花和干花原料;全草入药,有驱虫、利尿、镇痉、止痛作用。

驴蹄草属

驴蹄草
Caltha palustris

形态特征 多年生草本，全部无毛，有多数肉质须根。种子狭卵球形，黑色，有光泽，有少数纵皱纹。花期5~9月，果期6月。

生境分布 塞罕坝林区普遍分布，通常生长在山谷溪边或湿草甸，有时也生在草坡或林下较阴湿处。

用　　途 全草含白头翁素和其他植物碱，有毒，可试制土农药；全草可供药用，有除风、散寒之效。

罂粟科 | 罂粟属

野罂粟
Papaver nudicaule

形态特征 多年生草本，株高 20~50cm。具乳汁，全体被粗毛。种子细小，多数。花期 6~7 月，果期 8 月。

生境分布 塞罕坝林区普遍分布，生长在草甸、林缘或疏林下。

用　　途 果实入药，能止痢、止咳、镇痛。

紫堇属

齿瓣延胡索
Corydalis turtschaninovii

形态特征 多年生草本，高 10~30cm。块茎圆球形，直径 1~3cm，质色黄，有时瓣裂。茎直立或斜伸，不分枝。种子平滑，直径约 1.5mm。

生境分布 塞罕坝林区普遍分布，生长在林缘和林间空地。

用　　途 以块茎入药，具有活血散瘀、行气止痛之功效。

植物篇

睡莲科 | 睡莲属

睡莲
Nymphaea tetragona

形态特征　多年生水生草本。根状茎短粗。种子椭圆形，长2~3mm，黑色。花期6~8月，果期8~10月。

生境分布　分布于塞罕坝七星湖湿地公园。

用　　途　根状茎含淀粉，可供食用或酿酒；全草可作绿肥；可观赏。

| 十字花科 | 香花芥属

雾灵香花芥
Hesperis oreophila

形态特征 多年生草本，高 25~80cm。茎直立，单一，坚硬，稍有棱角，不分枝或上部分枝，逆向生有长 3~4mm 的硬毛及水平伸展的短毛。花果期 6~9 月。

生境分布 塞罕坝坝上林区普遍分布，多生长在疏林下、林缘或草地。

用　　途 可作切花和干花原料。

芍药科 | 芍药属

芍药（白芍）
Paeonia lactiflora

形态特征 多年生草本。根粗壮，分枝黑褐色。花期5~6月，果期8月。

生境分布 塞罕坝林区普遍分布，生长在山坡草地及林下。

用　　途 根药用，称"白芍"，能镇痛、镇痉、祛瘀、通经；种子含油量约25%，可供制皂和涂料用。可栽培供观赏。

景天科 | 费菜属

费菜（景天三七、兴安景天）
Phedimus aizoon

形态特征 多年生草本，株高20~50cm。全草肉质肥厚、无毛、茎直立，数茎丛生，不分枝。花期6~7月，果期8~9月。

生境分布 塞罕坝林区普遍分布，多生长在石质山坡或灌丛间。

用　　途 全株可药用，有止血散瘀、安神镇痛的作用。

| 蔷薇科 | 蔷薇属

山刺玫
Rosa davurica

形态特征 直立灌木,高约 1.5m。多分枝,小枝无毛,具基部膨大而稍弯曲的皮刺,并常成对生于小枝或叶柄基部。花期 6~7 月,果期 8~9 月。

生境分布 塞罕坝林区普遍分布,多生长在丘陵草地、山坡、杂木林或灌丛中。

用 途 果含丰富维生素、果胶、糖及鞣质等,入药可健脾胃、助消化;根含儿茶类鞣质,有止咳、止血、祛痰作用;可供观赏。

金露梅属

银露梅
Dasiphora glabra

形态特征 灌木,高30~100cm。树皮纵向剥落。嫩枝灰褐色,疏生长柔毛。瘦果被毛。花期6~8月,果期8~9月。

生境分布 塞罕坝坝上林区有零星分布,生长在岩石缝间。

用　　途 嫩叶可代茶;花叶入药,有健脾、清暑、调经作用;为高海拔山区的饲用植物。

山楂属

辽宁山楂
Crataegus sanguinea

形态特征 落叶灌木,稀小乔木,高2~4m。果实近球形,直径约1cm,血红色,萼片宿存,反折;小核3,稀5,两侧有凹痕。花期5~6月,果期7~8月。

生境分布 塞罕坝坝上林区普遍分布,生于山坡或河沟旁杂木林中。

用　　途 良好的水土保持树种。

地榆属

地榆(黄瓜香)
Sanguisorba officinalis

形态特征 多年生草本,高30~180cm。根粗壮,茎直立,无毛,具槽。瘦果褐色,具细毛,有纵棱,生于宿存萼筒内。种子卵形。花期6~7月,果期8~9月。

生境分布 塞罕坝林区普遍分布,生长在山坡、草地、草甸沟谷、疏林下、林缘或灌丛。

用　　途 全株含单宁,可提取栲胶;根含淀粉,可酿酒;根可入药,含地榆皂苷,可凉血、止血、收敛止泻;全草可作农药,其水浸液可防治蚜虫、红蜘蛛和小麦秆锈病。

| 豆科 | 黄芪属

达乌里黄芪
Astragalus dahuricus

形态特征 一年生或二年生草本，被开展、白色柔毛。茎直立，种子淡褐色或褐色，肾形，有斑点，平滑。花期7~9月，果期8~10月。

生境分布 塞罕坝林区普遍分布，生长在山坡和河滩草地。

用　　途 全株可作饲料，大牲畜特别喜食，故有"驴干粮"之称。

牻牛儿苗科 | 老鹳草属

草地老鹳草
Geranium pratense

形态特征 多年生草本，高达90cm。根状茎短，直立，被棕色鳞片状托叶。花、果期6~8月。

生境分布 塞罕坝坝上林区普遍分布，生长在草原、草甸、林缘及灌丛。

用　　途 可作牧草植物。

| 亚麻科 | 亚麻属

宿根亚麻（多年生亚麻）
Linum perenne

形态特征 多年生草本，高20~90cm。根为直根，粗壮，基部木质化。花期6~7月，果期8~9月。

生境分布 塞罕坝林区普遍分布，生长在干旱草原、沙砾质干河滩和干旱的山地阳坡疏灌丛或草地。

瑞香科 | 狼毒属

狼毒（瑞香狼毒、断肠草）
Stellera chamaejasme

形态特征 多年生草本。根粗大，圆柱形，木质，棕褐色。小坚果长梨形，褐色。花期8月，果期9月。

生境分布 塞罕坝坝上林区普遍分布，多生长在海拔1200m以上山坡草地、荒漠、草原及河滩；为草原退化的指示植物。

用　　途 根有大毒，能散结、止痛、杀虫，并有祛痰、消积等功效；也可作干花和切花原料。

柳叶菜科 柳叶菜属

柳兰
Chamerion angustifolium

形态特征 多年生草本，高约 1m。茎直立，通常不分枝。蒴果长 6~8cm，圆柱状，略四棱形，具长柄，密被毛。种子多数，顶端具簇毛。花期 7~8 月。

生境分布 塞罕坝林区普遍分布，生长在山谷、沼泽地或山坡。

用　　途 全株含鞣质，可提取栲胶；花色艳丽，可供观赏；为上好的干花和切花原料。

五加科 | 五加属

刺五加
Acanthopanax senticosus

形态特征 落叶灌木，通常高 1~2m，有时高达 5~6m。树皮浅灰色，生多数细刺。花期 6~8 月，果期 8~10 月。

生境分布 塞罕坝坝下林区有分布，较耐阴，散生或成群落。喜生于山脚深厚、肥沃的棕色森林土。

用　　途 种子榨油可制肥皂；根、皮入药，具有与人参相同的药理药效，能舒筋活血、调节神经机能、促进新陈代谢、祛风湿；嫩枝皮和幼叶可代茶，清香可口，无异味。

| 报春花科 | 报春花属

翠南报春（樱草）
Primula sieboldii

形态特征 多年生草本。根茎通常横走。叶全部基生，长椭圆形，叶两面沿脉及边缘疏被毡毛。蒴果近球形。种子多数，4~5月开花，6~7月结果。

生境分布 塞罕坝林区普遍分布，生长在低湿草地、沼泽化草甸和沟谷灌丛中。

用　　途 花色丰富，花期长，具有很高的观赏价值。

紫草科 | 勿忘草属

湿地勿忘草
Myosotis caespitosa

形态特征 多年生草本。密生多数纤维状不定根。小坚果卵形,长1.5~2mm,光滑,暗褐色,上半部具狭边,顶端钝。

生境分布 塞罕坝坝上林区有分布,生长在溪边、水湿地及山坡湿润地。

用　　途 可作鲜切花原料。

| 唇形科 | 益母草属

细叶益母草
Leonurus sibiricus

形态特征 一年生或二年生草本，有圆锥形的主根。花期7~9月，果期9月。

生境分布 塞罕坝林区普遍分布，多生长在石质及砂质草地上及松林中，海拔可达1500m。

用　　途 全草及果实入药。

列当科 | 马先蒿属

返顾马先蒿
Pedicularis resupinata

形态特征 多年生草本,株高 30~70cm。植株干时不变黑。叶互生,具短柄。总状花序,苞片叶状,花具短梗。蒴果,斜长圆状披针形,长 11~16mm。花期 7 月,果期 8~9 月。

生境分布 塞罕坝林区普遍分布,多生长在林下、林缘及湿地。

用　　途 根可入药,有祛湿功效;可作干花、切花原料。

| 车前科 | 兔尾苗属

兔儿尾苗（长尾婆婆纳）
Pseudolysimachion longifolium

形态特征 多年生草本，高可达1m。茎单生或数支丛生，近于直立，不分枝或上部分枝，无毛或上部有极疏的白色柔毛。花期6~8月。

生境分布 塞罕坝林区普遍分布，生长在草甸、山坡草地、林缘草地、桦木林下。

用　　途 嫩苗可食。

| 桔梗科 | 沙参属

石沙参
Adenophora polyantha

形态特征 多年生草本植物，根胡萝卜状，茎高可达 1m，无毛或有各种疏密程度的短毛。蒴果卵状椭圆形；种子黄棕色，稍扁。8~10 月开花。

生境分布 塞罕坝林区普遍分布，多生长在海拔 2000m 以下的阳坡开旷草地。

用　　途 根可入药。有养阴清热、润肺化痰、益胃生津之功效。

风铃草属

紫斑风铃草
Campanula puncatata

形态特征 多年生草本。全株被刚毛。茎直立，粗壮，高达 1m，常在上部分枝。种子灰褐色，矩圆状，稍扁。花期 7~8 月，果期 8~10 月。

生境分布 塞罕坝林区普遍分布，多生长在山地林中、灌丛及草地。

用　　途 可供观赏；全草入药，具有清热解毒、止痛等功效。

菊科 | 橐吾属

蹄叶橐吾
Ligularia fischeri

形态特征 多年生草本。根肉质。茎直立高大,高可达200cm。总苞钟形,舌状花黄色,舌片长圆形,管状花多数。瘦果圆柱形。花果期7~10月。

生境分布 塞罕坝林区普遍分布,多长在海拔100~2700m的水边、草甸子、山坡、灌丛中、林缘及林下。

用　　途 本种以山紫菀之名入药。花美丽,可作观赏植物栽培。

紫菀属

狗娃花
Aster hispidus

形态特征 一或二年生草本。有垂直的纺锤状根。茎高30~50cm。全部叶质薄，两面被疏毛或无毛，边缘有疏毛，中脉及侧脉明显。花期7~9月，果期8~9月。

生境分布 塞罕坝林区普遍分布，多生长在荒地、林缘及草地。

用　　途 可作干花、切花原料。

麻花头属

碗苞麻花头
Klasea centauroides subsp. *chanetii*

形态特征 多年生草本，根状茎极短。总苞碗状，花冠紫色或粉红色。花果期 5~10 月。

生境分布 塞罕坝林区普遍分布，多生长在山坡草地、林下、荒地与田间。

用　　途 花大美丽，可作观赏植物。

蓝刺头属

蓝刺头
Echinops sphaerocephalus

形态特征 多年生草本，株高 80~100cm。瘦果圆柱形，密生黄褐色柔毛；冠毛长约 1mm，下部连合。花期 6 月，果期 7~9 月。

生境分布 塞罕坝林区普遍分布，多生长在林缘、干燥山坡或草地。

用　　途 根入药，能清热解毒、消痛肿、通乳；花序入药，能活血化瘀；植株可作干花、切花原料。

漏芦属

漏芦（祁州漏芦）
Rhaponticum uniflorum

形态特征 多年生草本，茎簇生或单生，灰白色，被绵毛。瘦果具3~4棱，楔状，长4mm；冠毛褐色，多层，向内层渐长，糙毛状。花果期4~9月。

生境分布 塞罕坝林区普遍分布，生长在山坡丘陵地、松林下或桦木林下。

用　　途 根入药，能清热解毒、排脓消肿、通乳；植株可作干花、切花原料。

火绒草属

火绒草
Leontopodium leontopodioides

形态特征 多年生草本。地下茎粗壮，分枝短。不育的子房无毛或有乳头状突起；瘦果有乳头状突起或密粗毛。花果期7~10月。

生境分布 塞罕坝林区普遍分布，生长在干旱草原、黄土坡地、石砾地、山区草地。

用　　途 适用于岩石园栽植、盆栽观赏及作干花欣赏；地上部分入药，能清热凉血、利尿；全草药用，对治疗蛋白尿及血尿有效。

百合科 | 重楼属

北重楼

Paris verticillata

形态特征 多年生直立草本,高 25~60cm。根状茎细长,直径 3~5mm。茎绿白色,有时带紫色。花期 5~7 月,果期 7~9 月。

生境分布 分布于塞罕坝大梨树沟、大脑袋山等地,生长在林下、草丛、阴湿地和沟边。

用　　途 根茎入药,具有清热解毒、散疬消肿等功效。

萱草属

小黄花菜
Hemerocallis minor

形态特征 多年生草本。具短的根状茎和绳索状的须根。蒴果椭圆形或矩圆形，长2~2.5cm，宽1.2~2cm。花、果期5~9月。

生境分布 塞罕坝林区普遍分布，生长在海拔1800m以下的草地、山坡或林下。

用　　途 花可食用；根入药，可清热利尿、凉血止血。

藜芦属

藜芦

Veratrum nigrum

形态特征 多年生草本，高60~100cm。蒴果长1.5~2cm。花期7~8月，果期8~9月。

生境分布 塞罕坝坝下林区普遍分布，生长在山坡下、林缘或草丛中。

用　　途 全草可作杀虫药；根入药，有祛痰、催吐作用。

| 兰科 | 杓兰属

大花杓兰
Cypripedium macranthos

保护等级 国家一级重点保护野生植物。

形态特征 多年生草本。根状茎粗壮，横走，根多数。茎直立，高25~50cm，被短柔毛或无毛，基部有叶鞘，棕色。蒴果纺锤形，长3~5cm，具纵棱。花期6月，果期7月。

生境分布 塞罕坝坝下次生林下有分布，多生长在海拔1200m以上林下、林缘、草地或沟边。

用　　途 根状茎和根入药，具有活血祛瘀、祛风寒、镇痛等作用；可栽培供观赏；可作切花或干花原料。

主要参考文献

黄金祥,李信,钱进源,1996.塞罕坝植物志[M].北京:中国科学技术出版社.
侯建华,刘春延,刘海莹,等,2011.塞罕坝动物志[M].北京:科学出版社.
刘春延,赵亚民,刘海莹,等,2010.塞罕坝森林植物图谱[M].北京:中国林业
   出版社.

图书在版编目(CIP)数据

塞罕坝机械林场野生动植物图鉴.Ⅰ/安长明,陈智卿主编.—北京:中国林业出版社,2022.8
ISBN 978-7-5219-1798-7

Ⅰ.①塞… Ⅱ.①安…②陈… Ⅲ.①林场—野生动物—河北—图集②林场—野生植物—河北—图集 Ⅳ.①Q958.522.2-64②Q948.522.2-64

中国版本图书馆CIP数据核字(2022)第145125号

策划编辑	何 蕊
责任编辑	许 凯 李 静 刘香瑞 杨 洋
设计制作	大汉方圆
出版发行	中国林业出版社(100009 北京西城区刘海胡同7号)
	网址 http://www.forestry.gov.cn/lycb.html
	E-mail cfybook@163.com 电话 010-83143580
印 刷	河北华商印刷有限公司
版 次	2022年8月第1版
印 次	2022年8月第1次
开 本	787mm×1092mm 1/16
印 张	10.25
字 数	150千字
定 价	150.00元